U0394738

PLANET EARTH

我的趣味地球课
－博物地球－

张玉光◎主编

生命博物

北方妇女儿童出版社

·长春·

图书在版编目（CIP）数据

生命博物 / 张玉光主编 . -- 长春：北方妇女儿童
出版社，2023.9
　　（我的趣味地球课）
　　ISBN 978-7-5585-7729-1

Ⅰ . ①生… Ⅱ . ①张… Ⅲ . ①动物—少儿读物 Ⅳ .
① Q95-49

中国国家版本馆 CIP 数据核字（2023）第 161904 号

生命博物

SHENGMING BOWU

出 版 人	师晓晖	
策 划 人	师晓晖	
责任编辑	于洪儒	
整体制作	日知图书 北京日知图书有限公司	
开　　本	720mm×787mm　1/12	
印　　张	4	
字　　数	100千字	
版　　次	2023年9月第1版	
印　　次	2023年9月第1次印刷	
印　　刷	鸿博睿特（天津）印刷科技有限公司	
出　　版	北方妇女儿童出版社	
发　　行	北方妇女儿童出版社	
地　　址	长春市福祉大路5788号	
电　　话	总编办：0431-81629600	
	发行科：0431-81629633	
定　　价	50.00元	

目录

CONTENTS

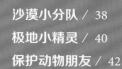

动物种族

脊索动物

地球上现存的脊索动物有 4 万余种。

哺乳动物

除鸭嘴兽和针鼹（yǎn）是卵生外，哺乳动物多为胎生，用乳汁哺育后代是它们的特点。

鸭嘴兽属于原兽类，是目前**发现最为原始的**哺乳动物。

鱼类

鱼类体表覆盖骨质鳞片，用腮呼吸，用鳍游泳，靠上下颌取食。

鲸鲨是最大的海水鱼，**体长可达 20 米。**

两栖动物

两栖动物既有鱼类的特性，又能适应陆地生活。它们一般在水中产卵，成体生活在陆地上。

箭毒蛙是世界上**毒性最强的两栖动物。**

爬行动物

爬行动物由两栖动物演化而来，身体大都披着防水的"外衣"。爬行动物有些生活在水里，有些生活在陆地上。

世界上最小的爬行动物**雅拉瓜壁虎的体长只有1.6厘米。**

鸟类

鸟类是由爬行动物演化而来的，并且适应了飞翔生活。鸟类被称作"美化了的爬行类"。

鸡是世界上数量最多的鸟类，**约有 250 亿只，**约是人类数量的**3.5 倍。**

为了飞行，鸟类进化出轻质的中空骨骼。

动物是什么

　　动物是生物中的一大类，这类生物多以有机物为食料，有神经，有感觉，能运动。它们有的简单到只有一个细胞，有的则是由数万亿个细胞组成、可以在地球上行走的庞然大物。寄生动物安逸地生存在其他生物体内，身体结构十分简单；而作为灵长类动物的人类，却用智慧将世界变得更加丰富多彩。

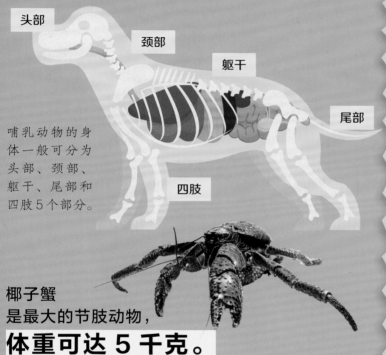

头部

颈部

躯干

尾部

四肢

哺乳动物的身体一般可分为头部、颈部、躯干、尾部和四肢5个部分。

刺胞动物

水螅、水母等

栉水母动物

海葵、珊瑚等

软体动物

蜗牛、田螺、河蚌、蚯蚓等

棘皮动物

海参、海星、海胆等

椰子蟹
是最大的节肢动物，
体重可达 5 千克。

节肢动物门是动物界种类最多的一门。　　**节肢动物门**

多足类
（如蜈蚣）

蛛形类
（如蜘蛛）

昆虫类
（如蝴蝶）

甲壳类
（如虾）

小生命的降临

　　一些动物宝宝是在妈妈的子宫里发育到一定阶段后才出生的，它们出生后和父母长得很像，只是很小，这种生殖方式叫作胎生。而有的动物宝宝则是在卵壳的保护下发育、生长的，比如鸟类、爬行类、鱼类等，这些动物由脱离母体的卵孵化出来，就叫卵生。不管胎生还是卵生，小生命的降生都不是容易的事。

鳄鱼育儿

　　鳄鱼把蛋产在草丛中，在上面盖上杂草，雌鳄鱼守护在一旁，借自然温度来孵蛋。

　　待60天左右，小鳄鱼就孵化了。刚孵化的小鳄鱼面临重重危险。

> 我把刚刚爬出蛋壳的鳄鱼宝宝放在嘴里含着，然后送到河边水比较浅的地方。

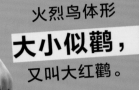

火烈鸟体形

大小似鹳，

又叫大红鹳。

火烈鸟嘴的上部从中间向下弯曲，嘴下部为槽状。

身高可达 140 厘米。

灰色的火烈鸟宝宝

　　火烈鸟宝宝的体色呈灰色，随着它渐渐长大，羽毛才会变成红色。火烈鸟爱吃的水藻中含有使其羽毛变红的物质，小火烈鸟把自己吃成红色，是需要时间的！

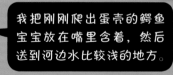

🐾 探险动物世界 🐾

　　鸟类是筑巢的能工巧匠，不过大多数鸟类筑巢并不只是为了居住，更是为了日后产卵和孵化时有一个相对安全的环境。

黄鹂喂养小黄鹂。

提前出生的小袋鼠

　　袋鼠宝宝在妈妈的子宫里只发育大约5周就出生了。刚出生的小袋鼠只有几厘米长，全身赤裸，没有毛，眼睛什么也看不见，样子一点儿都不像袋鼠。它们还要在妈妈的育儿袋里继续发育成长。

大大的耳朵能捕捉到四周潜伏天敌的声音。

尾巴可以充当"板凳"，用来支撑身体。

前肢短小。

在身体腹部有个育儿袋。

长长的后肢在跳跃时可助推身体向前。

一出生就会跑

　　雨季来临之际，就是雌角马生宝宝的时候。即将生产的雌角马在大草原上聚集成群。小角马在出生后5分钟左右就能站起来，当天便能跟上迁徙的队伍。如果它们不能立刻学会奔跑，就会被非洲狮、鬣狗等猛兽吃掉。

角马宝宝正在努力站起来。

帝企鹅育儿

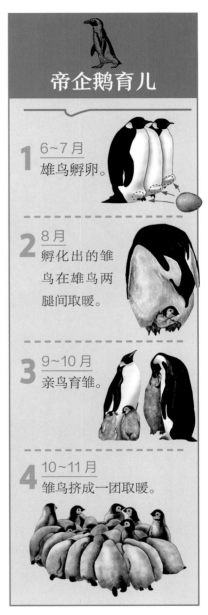

1 6~7月
雄鸟孵卵。

2 8月
孵化出的雏鸟在雄鸟两腿间取暖。

3 9~10月
亲鸟育雏。

4 10~11月
雏鸟挤成一团取暖。

Q 企鹅是如何取暖的？

　　为了抵御南极的严寒气候，几千只企鹅会紧靠在一起，头部面向中央围成圈。处在中心的企鹅会一个接一个地渐渐向外移动，以便让外面的企鹅能挤进中间来取暖。

爸爸的照顾

　　帝企鹅爸爸把蛋放在双脚上，用肚子覆盖住，耐心地孵化。而帝企鹅妈妈需要长途跋涉，到很远的地方去觅食，大约到孵化期结束，才回来和帝企鹅爸爸交接。

负责任的爸爸妈妈

动物爸爸会保护它的宝宝吗？动物妈妈会给它的宝宝搭房子、做玩具吗？下面，我们就一起来看一看。

我的腹部有一个育儿袋。繁殖季来临时，海马妈妈将卵产在育儿袋里，我会为卵受精，再把海马宝宝孵化出来。

鹈鹕视力超好，能从约15米的高空直冲入水中，将鱼捕获。

鹈鹕

鹈鹕只要把大嘴一张，小鹈鹕就可以享用美味了。

海马的眼睛由骨质小棘保护着。

爱它，就"吃掉"它

龙鱼爸爸很溺爱它的孩子，为了保护它们，总把它们小心翼翼地含在嘴里，只有在确定周围环境非常安全时，才会把龙鱼宝宝们放出来玩耍一会儿。

海马是地球上唯一由雄性妊娠繁育后代的动物。

慈鲷（diāo）

龙鱼

海马将尾巴缠绕在海藻上。

鱼类口孵行为

在口中孵化鱼卵，并在口中养育幼鱼，这种行为称作鱼类口孵行为，这类鱼叫口育鱼。龙鱼、慈鲷等都是口育鱼。

小海龟们破壳而出后，需要自己爬回海洋。

刺猬妈妈和幼崽片刻不离，即使外出活动时，也会把小刺猬带在身边。

最护崽的父母

狼对待敌人冷血无情，可对待自己的亲人、孩子却非常温柔。狼妈妈生下小狼崽后，会寸步不离地守在狼崽身边，连续一两个月都不挪动。狼爸爸既要保护它们，又要出去捕猎。

捕到猎物后，狼爸爸会毫不吝啬地把猎物分给小狼崽。如果遇到危险，狼爸爸和狼妈妈会拼命保护小狼崽，不允许其他动物靠近。

小狼崽通常在晚春出生。

黑猩猩和宝宝

爱搬家的母亲

黑猩猩体形较大，身上长满黑色的短毛，眼窝深陷、颧骨突出、耳朵较大，看上去凶凶的、笨笨的，却非常温柔有爱。

黑猩猩很爱自己的孩子，为了给孩子创造更好的生活和成长环境，猩妈妈会经常搬家，甚至一天搬一次。当小猩猩长大后，猩妈妈也不会赶走它。有的黑猩猩能够在妈妈身边待好几年。

小树袋熊总是和妈妈形影不离。

Q 树袋熊不是熊吗？

树袋熊名字里有熊，但其实是袋鼠的近亲，属于有袋类哺乳动物。

 探险动物世界

 偷懒好开心！

布谷鸟

布谷鸟没有固定的家，它也从来都不筑巢。要生产时，布谷鸟妈妈就会飞到其他鸟的窝里，偷走并吃掉一两枚鸟蛋，然后用自己的蛋代替，让其他的鸟帮它孵蛋。小布谷鸟出生后，布谷鸟妈妈也不管，属于不筑巢、不孵卵、不育雏的鸟类。

多样的动物巢穴

洞穴

树洞

鸟巢

有的动物是天生的建筑大师，能够建造出令人难以想象的建筑，比如心灵手巧的蜂、不起眼儿的白蚁、憨憨的河狸、漂亮的海鹦……

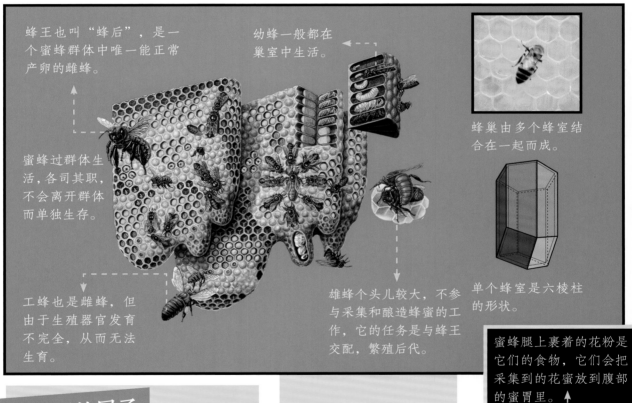

蜂王也叫"蜂后"，是一个蜜蜂群体中唯一能正常产卵的雌蜂。

蜜蜂过群体生活，各司其职，不会离开群体而单独生存。

工蜂也是雌蜂，但由于生殖器官发育不完全，从而无法生育。

幼蜂一般都在巢室中生活。

雄蜂个头儿较大，不参与采集和酿造蜂蜜的工作，它的任务是与蜂王交配，繁殖后代。

蜂巢由多个蜂室结合在一起而成。

单个蜂室是六棱柱的形状。

蜜蜂腿上裹着的花粉是它们的食物，它们会把采集到的花蜜放到腹部的蜜胃里。

六边形的屋子

蜂类是天生的建筑师，不仅心灵手巧，而且想象奇特。蜂巢千姿百态，令人赞叹。蜜蜂酷爱几何学，蜂巢全都是由最规整的六边形组成，整整齐齐，非常漂亮。

我们的蜂巢由许多蜂室连在一起组成，每一个蜂室都是由工蜂体内分泌出的蜡制成的。

海鹦集群繁殖，一旦结为配偶，关系甚至可以维持终生。

崖上筑巢

海鹦是生活在挪威北部沿海地区的一种海鸟。小小的脑袋、三角形的大嘴巴，橘红色的脚蹼，常年穿着一身黑白相间的"燕尾服"，既呆萌又可爱，是冰岛的国鸟。

头部的红斑是雄性啄木鸟的特征。

每年春夏时节，海鹦都会在海边的悬崖上筑巢产卵。它们的巢穴很深，一般都建在悬崖的石缝和洞穴中，用软泥作底，既温暖又舒适。

白蚁土堡

成年白蚁体长几毫米到十几毫米。就是这样的小不点儿，竟然能够在很短的时间里建造出高约5~10米的土堡。

白蚁除了在地表筑堡，也会在地下和树上筑巢。

白蚁住在像烟囱又像高塔的巨大堡垒式巢穴里，巢穴中不仅有居住区、休闲区、繁殖区，还有专门的饲养区，就像一个"独立王国"，简直太不可思议了！

树洞避风港

啄木鸟用尖嘴在树干上开出一条通道，然后向下啄出一个洞。它在这样温暖舒适的巢穴里，得以躲避天敌和恶劣的天气。

水上堤坝

河狸每移居到一条新的河流，就修筑一条水坝，水坝截住的水流形成池塘，河狸的巢穴就建在池塘中央。

河狸有锋利的橙色牙齿，可以啃断树木。

小动物相亲大会

在动物界，为了获得爱情，动物要进行一系列求偶行为。它们的求偶方式多种多样，或是向异性展示自己的美丽，或是为异性跳优美的"舞蹈"，或是唱动听的"情歌"……

孔雀的相亲表演

雄孔雀用美丽的羽毛来吸引异性。此外，雄孔雀还会发出响亮的叫声，以引起异性的注意。在繁殖季节，雄孔雀会确定自己的领地，并与侵入领地的其他雄孔雀争斗。

白鹭在繁殖期到来的时候，头后枕部会垂下两条细长的羽毛，在背部和胸部上方布满蓬松的蓑羽。

展示羽毛

白鹭求偶别具一格，极具戏剧性。雄白鹭为讨雌白鹭的欢心，会频频展开头部、胸部、背部如丝般的美丽长羽，围绕着雌白鹭跳跃旋转，还不时地伸长脖子吻颈爱抚。

求偶期的一对白鹭

让歌声更响亮

雄性青蛙和蟾蜍通常用叫声来吸引异性。它们发声的方式因种类而不同，有的呱呱地叫，有的吱吱地叫，还有的鼓起喉囊，使叫声更加响亮。

鼓起的喉囊

摔跤相亲

雄性鹿角虫求偶时会互相摔跤，成为胜利者才能赢得配偶。

求偶之歌

在所有动物中，座头鲸的歌唱可以算作是一种极为精妙的求偶行为。每头座头鲸都唱着它们自己的特殊"歌曲"，这种"歌"是由一系列长音符组成的，而且还能不停地重复演唱下去。

雄性孔雀的羽毛尾部缀着由蓝、绿、黄、棕等颜色的小羽枝组成的"眼圈"，开屏时反射出鲜艳夺目的光泽。

腹部朝上，身体跃出水面，是座头鲸的标志性动作。

一生一世一双"人"

爱情并不是人类独有的。事实上，在动物王国中有很多"情痴"。它们热烈、真诚、恒久地爱着，不盼望天长地久，只盼着一生一世一双"人"，彼此相守。下面，我们就一起来看看动物世界那些彼此深爱着的动物吧！

我们很爱干净，洁白的羽毛始终一尘不染。古时候，人们都觉得我们是仙人的坐骑，亲切地称呼我们为"仙鹤"。

大雁的头部特写
大雁喙的长度和头部几乎相等。

大雁

"问世间，情是何物，直教生死相许"，这句脍炙人口的词句，歌颂的正是大雁的爱情。大雁是一种候鸟，长相和鸭子有些类似，体形较大，羽毛大多为灰色和褐色。每年秋天，为了避寒和寻找食物，大雁都会成群结队地向南迁徙。

大雁讲究从一而终，雌雁和雄雁双宿双飞，一旦缔结为伴侣，就会终生相随。

丹顶鹤

丹顶鹤是大型涉禽，成年丹顶鹤平均体长1.6米左右。丹顶鹤是世界上最痴情的动物，一生只有一个伴侣。"恋爱结婚"后，雌鹤和雄鹤会一直待在一起，互相照顾，形影不离。如果其中一只不幸死亡，另一只绝不会重新寻找伴侣，要么孤独终老，要么殉情而死。

Q 大雁靠什么辨别方向？

太阳、星星和月亮的方位等；
森林、山川的位置和地形等；
大脑中可以感知地球磁场的区域。

处于繁殖期的雌、雄鸳鸯十分亲近。

繁殖期结束后，雌、雄鸳鸯各奔东西。

雌性鸳鸯独自育儿。

黑天鹅和白天鹅一样，也奉行一夫一妻制，会和伴侣终身相伴。

雄性　雌性

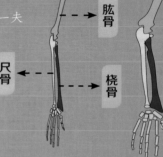

肩胛骨

肱骨

尺骨　桡骨

长臂猿的臂骨　人类的臂骨

长臂猿的臂骨和人类的臂骨一样，由肩胛骨、肱骨、尺骨和桡骨构成。

天鹅

天鹅喜欢栖息在潮湿温润的沼泽、河湖边，各种水草、螺类、小虫子都是它们的最爱。天鹅是群居动物，奉行"一夫一妻制"，一生只有一个伴侣。每年春夏求偶季，雄性天鹅都会在河边翩翩起舞，做出各种动作，献上好吃的食物向心仪的雌性天鹅"表白"，一旦"表白"成功，它们就会一直相守在一起。

长臂猿

长臂猿是生活在热带和亚热带雨林中的一种猿猴，身材娇小，后肢短小，有一身浓密的皮毛，没有尾巴，上臂伸直后长度超过膝盖，所以叫"长臂猿"。

长臂猿选择伴侣非常谨慎，在"结婚"之前，它们会花费很长时间来"谈恋爱"，通过恋爱来相互适应、相互了解。一旦确定伴侣，长臂猿会从一而终，轻易不会和伴侣分离。

在林间穿梭的长臂猿

动物中的奔跑健将

"飞人"博尔特奔跑的时速能达到 44.7 千米，但比起一些动物，他差得还远。动物界的"奔跑健将"猎豹、跳羚、叉角羚，甚至连看上去笨重的鸵鸟，时速都超过了 60 千米。

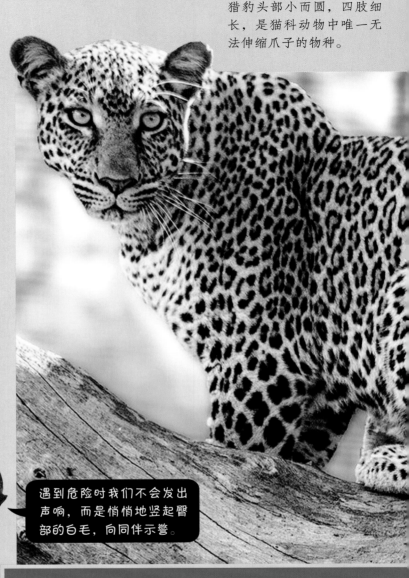

猎豹头部小而圆，四肢细长，是猫科动物中唯一无法伸缩爪子的物种。

风驰电掣叉角羚

叉角羚又叫美洲羚羊，因为角略粗、中部有分叉，因此得名叉角羚。它们体形中等，身形健美，四肢有力，头背部生有浓密的红褐色短毛，臀部覆盖着一片白色硬毛。

叉角羚奔跑时如风驰电掣，最高时速近 100 千米。它灵活机警，因此很难被捕捉到。

遇到危险时我们不会发出声响，而是悄悄地竖起臀部的白毛，向同伴示警。

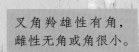

叉角羚雄性有角，雌性无角或角很小。

世界短跑冠军

猎豹是陆地上速度最快的动物，是世界短跑冠军，爆发力非常强，时速惊人，能够达到 120 千米 / 时，但耐力不好，跑的时间稍微长一点儿，时速就会迅速下降。和其他豹子相比，猎豹体形较小，愿意亲近人类，容易被驯化。数千年前，封建王朝的贵族们就开始豢养猎豹来捕猎各种动物。

猎豹的爪子在奔跑时像钉子一样钉入地面，以防止打滑。脚掌上的肉垫也增加了四肢与地面之间的摩擦力。

看看谁跑得快?

狮子奔跑时速可达
60 千米。

老虎奔跑时速可达
80 千米。

猎豹奔跑时速可达
120 千米。

南非"国兽"

跳羚体形中等，四肢纤细有力，眼睛不大，耳朵较长，头上长着一对黑色的棱状竖角，十分美丽。跳羚非常擅长跳跃，若以跳跃的方式奔跑，时速高达 94 千米，除了猎豹，几乎没有别的动物能追上它。

跳羚喜欢吃嫩叶、灌木枝等。旱季到来时跳羚会大规模迁徙。跳羚还是南非的国兽。

跳羚是羚羊中最善于跳跃的种类。

鸟中"飞毛腿"

鸵鸟是世界上体形最大的鸟类，成年鸵鸟身高 2.5 米，身强力壮。和大多数鸟类不同，虽然鸵鸟也有翅膀，但翅膀短小，不能飞翔，只能靠腿来奔跑。鸵鸟跑起来时，时速超过 60 千米，是典型的鸟中"飞毛腿"。鸵鸟会食用沙粒帮助磨碎难消化的食物，有时候把头和脖子贴近地面以隐藏自己，但并不会把头埋进沙子里。

鸵鸟奔跑的时速可达
80 千米。

鸵鸟一步可达 8 米，奔跑速度很快。

我们不会蹦，不会跳，只会爬行。想抓住我们很容易，可敢抓我们的"猎手"却不多。因为我们"有毒"。

蜂猴体长 **28~38 厘米。**

肾脏

尾部　　肝脏

动物界的 "慢性子"

　　不同的动物性格不同，有的忠厚，有的奸诈，有的活泼，有的内向，有的做事风风火火，有的干什么都不急不缓，是天生的"慢性子"。你知道"慢性子"的动物有哪些吗？不知道也没关系，接下来，我们就一起来认识一下。

没有最慢，只有更慢

　　蜂猴是生活在东南亚雨林中的一种小型猴类。成年后体长不超过 40 厘米，宽脸盘儿、大眼睛、小鼻子，背部长着浓密的棕色短毛，非常可爱。和其他爱蹦爱跳、活泼淘气的猴子不同，蜂猴很懒很宅，天天都待在树上，能不动就不动。

　　蜂猴行动迟缓，挪一步大概要花费 12 秒的时间，连最爱吃的蜂蜜都无法让它们加快速度，所以，人们都叫它们"懒猴"。

慢点儿爬，不着急

　　乌龟是地球上最古老的爬行动物，头小、尾巴短、身子大，常年"穿着"一副棕褐色的坚硬"铠甲"，主要生活在河流、湖泊、池塘、水库边。乌龟四肢短小、爬行速度非常慢，平均不超过 20 厘米 / 秒。世界上爬行最快的乌龟的速度是 28 厘米 / 秒。

世界上淡水龟 **大约有 200 种。**

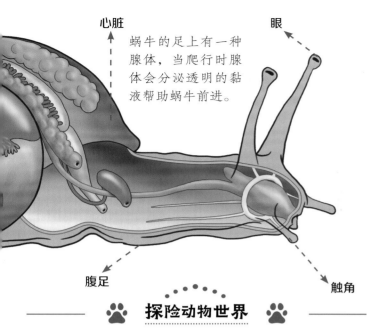

心脏

眼

蜗牛的足上有一种腺体，当爬行时腺体会分泌透明的黏液帮助蜗牛前进。

腹足

触角

🐾 探险动物世界 🐾

爬行动物中性子最慢的乌龟不仅可以用肺呼吸，还能够用屁股呼吸。哺乳动物中性子最慢的树懒有时也没那么懒，每天睡眠时间大约9.6小时。灵长目动物中性子最慢的蜂猴体形娇小，不会功夫，是唯一一种通过毒液来攻击敌人的猴类。软体动物中性子最慢的蜗牛的牙齿非常小，在显微镜下才能看到。

"慢生活"的典范

树懒是世界上最懒最慢的动物，生活在美洲的热带雨林中，前肢很长，后肢较短，不会走路。树懒终年生活在树上，以树叶为食，喜欢安静，做什么都像是在慢动作回放，经常一周都不挪动一下。树懒的胃袋非常神奇，吃进去的食物能在胃袋中保存50天。

我慢，我骄傲

蜗牛是生活中十分常见的一种软体动物，长有四个触角，背上背着一个圆圆的硬壳，像一个小房子。

蜗牛没有手，也没有脚，只能通过身体在地面上蠕动来前进，前进速度非常慢，平均每秒只能前进3~6厘米。

蜗牛最喜欢在潮湿阴暗、腐殖质多的树叶堆、草丛中睡觉。成年蜗牛有2万~3万颗牙齿，却不会咀嚼，牙齿唯一的作用就是把食物碾碎。

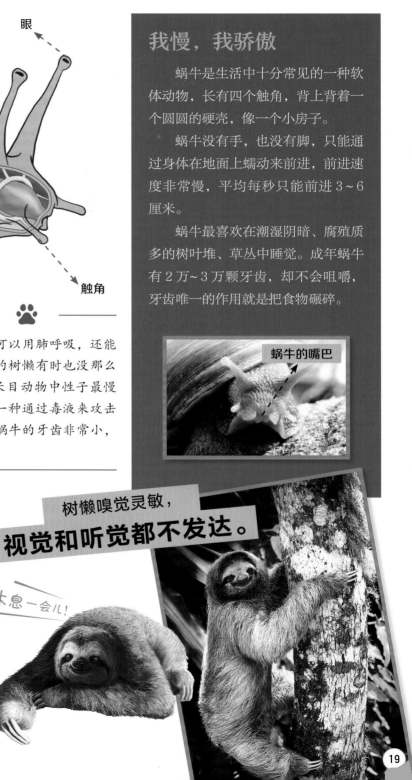

蜗牛的嘴巴

树懒嗅觉灵敏，**视觉和听觉都不发达。**

休息一会儿！

19

动物夜行侠

我们都见过猫咪昼伏夜出，其实动物王国中和猫咪一样的夜行侠还有很多：比如憨态可掬、嘴馋爱吃的浣熊，最喜欢在夜晚狩猎的蝙蝠和蛇，夜视能力爆表的夜鹰……

"自走灭蚊鹰"

夜鹰，俗名"蚊母鸟"，体形较小，大眼睛，宽嘴巴，头部扁平，翅膀上有细细的横纹，尾巴短窄。

夜鹰的羽色和树皮十分接近，夜间活动时，很难被发现。夜鹰喜欢唱歌，能发出"塔塔塔"的鸣叫声；它还爱吃蚊子，被称为"蚊子克星"。

Q 夜鹰的羽色为什么都很暗淡？

夜鹰的羽毛基本上是灰色、褐色、红褐色，颜色都很暗淡。这是因为暗淡的毛色可以有效地隐藏自己，在保护自己的同时也方便捕猎。

仰天长啸的狼

狼习惯于夜间活动，它们的标志性动作是仰天长啸，那声音让人毛骨悚然。其实，这叫声只是狼在相互联络——也许是母狼在呼唤小狼，也许是小狼想念母亲，也许是向入侵者发出警告……

普通夜鹰体长**约28厘米。**

夜鹰的主要食物是飞行的昆虫。

狼和狗很像，但尾巴下垂从不卷曲。

如果同伴牺牲，狼会围着尸体哀号。

我不是吸血鬼！

蝙蝠是地球上唯一一种会飞的哺乳动物，它有一对黑色的肉翅。蝙蝠是暗夜的精灵，最喜欢在夜间活动。它们飞行速度很快，听觉十分发达，捕猎能力强，70%以上的蝙蝠都爱吃小昆虫。

每只蝙蝠身上都携带着许多种病毒，它们是疾病的天然传播者。

我们喜欢夜晚，也喜欢面包、火腿肠。嘴馋的时候，就会偷偷到人类那里"拿"一些，"小气"的人类就给我们起了个"食物小偷"的绰号。

翼
前肢
后肢
头
身体

食物小偷

浣熊是一种小型哺乳动物。尖脸、大眼睛、黑眼圈、圆耳朵、长尾巴，长着一身蓬松浓密的灰色毛发，非常可爱。浣熊生活在江河湖泊附近的树林中，白天躲在窝中睡觉，晚上才外出觅食。

浣熊和小熊猫不是同一种动物。

天生近视眼

蛇是一种很古老的爬行动物。它身体细长，分为头、躯干、尾3部分，没有四肢，舌头细长又有分叉，体表光滑。

蛇是夜行动物，昼伏夜出，爱吃青蛙、老鼠、蜥蜴、鱼和小鸟。蛇是天生的近视眼，视力很差，在捕猎时靠的是强悍的感温能力和灵敏的嗅觉。

蛇类是肉食性动物，在进食时会将食物整个吞下。

嗜睡的动物

树袋熊几乎一生都待在桉树上。

动物世界有很多"睡神",它们非常爱睡觉,有的甚至一睡就是一个冬天(夏天)。下面,让我们一起去认识它们吧!

熊猫一天睡	树袋熊一天睡	犰狳(qiú yú)一天睡
10 小时以上	**17~20 个小时**	**18~19 个小时**

呱呱

呱呱,睡觉时间到了吗?

　　青蛙是一种十分常见的两栖动物,擅长伪装,能根据环境的变化改变皮肤颜色的深浅。青蛙是变温动物,体温随着气温的变化而变化。冬天,外界温度过低时,青蛙就会找一个光线充足且安全的地方冬眠。

连呼吸也要停止了

　　刺猬的喉头有一块软骨,可以将口腔和咽喉分隔开。这让它们在冬眠时,连呼吸也好像停止了。不过不用担心,当度过了寒冷的冬眠期,刺猬会"复活"的。刺猬在寒冷的地方冬眠时间长,气候越温暖,它们一年"睡"得越少。

最会"睡"的鸟

一只成年军舰鸟身长可达 1.5 米左右，但体重只有 1.5 千克左右。

军舰鸟堪称是最会"睡"的鸟！它们一天虽只睡 42 分钟，却能一边飞行一边睡觉，可谓把一心二用发挥到了极致。

军舰鸟翅展

可达 2.3 米。

军舰鸟用气囊来吸引异性。雄鸟在繁殖期间，喉囊会变成鲜艳的绯红色，并且膨胀起来。

睡觉是我鼠生最大的乐趣

睡鼠是世界上冬眠时间最长的啮齿类动物，春、秋、冬三季都在睡觉，一年要睡 7~9 个月。

睡鼠不贮藏食物，有吃的就会立马吃掉，天气稍冷就会冬眠，靠身体的脂肪度过漫长的冬眠期。睡鼠能像壁虎那样断尾逃生，断掉的尾巴很快就能重新长出来。

海象一天睡

20 个小时

深海"小睡神"

海参能在万米以下的深海中生活，不怕寒冷，不畏高压，非常顽强，但怕热怕饿。夏天，海参最爱吃的深海浮游生物全都上浮到浅海，海水的温度也逐渐升高。海参没有食物，又热得难受，就会陷入"夏眠"，一睡就是三四个月。

睡鼠一年要睡 7~9 个月。

运送大猎物

蚂蚁虽小，但当它们进行群体行动时，能斗得过比它们身体大得多的天敌。这样的情况时有发生，蚂蚁把完整的猎物运送到蚁穴口，然后再齐心协力将猎物弄碎，搬进巢穴。

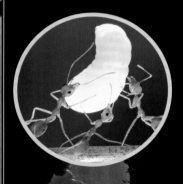

雄狮的策略

成年非洲雄狮会离开狮群单独捕猎，而未成年的雄狮会配合领头的雌狮，与大家一起追击猎物。只有雄狮成了狮群的首领，它才能坐享其成，过上"衣来伸手，饭来张口"的生活。

动物的"集体荣誉感"

如果动物也有朋友圈，那么被点赞最多的肯定是那些相亲相爱、互相帮助、有集体荣誉感的"大家族"，比如可爱的虎鲸家族、迷你的蚂蚁家族、"巨无霸"非洲象家族、又凶又团结的鬣狗家族等。接下来，我们就一起走近这些"动物家族"，瞧一瞧，看一看！

一致对敌

斑马性情温顺，但御敌能力较差。为此，斑马除了同类成群以外，还常跟角马、瞪羚、鸵鸟、长颈鹿等动物生活在一起，一旦发现敌害，会互相关照，及时逃跑。

我们性格温和，热爱和平，不吃肉，不捕猎，也不欺负其他动物，只有非常生气时才会主动攻击。

非洲象的象群会把小象和病弱的老象保护起来。

虎鲸喜欢热闹，害怕孤独，集群而居，组成了一个个虎鲸大家庭。

"海底花园"

海葵长有细长的触手，仿佛是海中盛开的娇艳花朵。它们常常成群地聚集在海底的岩石上，构成美丽的"海底花园"。这一"海底花园"可以吸引许多小鱼小虾，为海葵们带来丰富的食物。

迷惑敌人

一些海鱼，如鲱（fēi）鱼、沙丁鱼等常会组成壮观的鱼群。鱼群中的成员一起游动，配合默契。当受到攻击时，鱼群的游动会使天敌晕头转向，从而使鱼群中绝大多数成员得以逃脱。

编队飞行

大雁每年都会成群结队地进行长距离迁徙。成群飞行的大雁，以"一"字形或"人"字形编队，以节省体力，这对身躯笨重的大雁来说是至关重要的。另外，一群大雁集合在一起，更容易相互发现和共同抵御敌害。

鬣狗捕猎时常采用围攻的方式。

野外 "杀手"

　　大鱼饿了会吃小鱼。动物世界既温暖又残酷，想要安全地生活，最先要做的就是认识动物界的顶级"杀手"，然后离它们远远的。下面，我们就一一来看一下。

隐藏的猎手

　　狐狸是捕食高手。首先，它用大耳朵判断猎物的位置，然后悄悄地靠近猎物，一跃而起，扑到猎物的身上。毫无防备的小型动物们还没反应过来，就已经在劫难逃了。

"祈祷"的螳螂

　　螳螂会等待猎物飞到自己的捕猎范围，用前臂来捕食和进攻，前臂上布满了用来捕猎的齿状物。在捕猎时，它们常常举起前臂，就像是在"祈祷"。

螳螂的拟态

螳螂捕猎时先将前足收起，时机成熟时，就迅速用前肢锋利的刺紧紧地扎住猎物。

螳螂身长
5~8 厘米。

捕虫高手

　　当飞虫出现在变色龙的视野中时，它们会闪电般地伸出带有黏性的舌头，粘住飞虫并迅速送进嘴里。

等待猎物的变色龙

猎手的武器

美洲狮、非洲狮等草原猎手都拥有非常锋利的趾爪，趾甲平时藏在毛茸茸的爪子里，在捕猎时就成了致命武器。

闪电式进攻

美洲狮是真正的潜伏捕猎者。一旦发现猎物，它们便停住不动，先判断猎物的远近和成功的可能性，然后悄悄地靠近，在距猎物几米远时，突然发动闪电式的攻击，将猎物擒获。

美洲狮能跳跃
5~13米远。

螳螂的口器

1 对反应极为灵敏的触角

吸盘里的猎物

章鱼一般在日落或黎明时捕猎。一旦看见猎物，会马上抬头正视，然后变色，缓缓逼近，最后猛地扑向猎物。它们会利用腕间膜同时捕捉数只螃蟹，然后把它们集中在一起，带回自己的地盘享用。

1 对大刀一样的前足

兰花螳螂

触摸觅食

白琵鹭小科普

白琵鹭的嘴都是黑色的，却偏偏在前端留有一抹亮亮的黄色，上面还有明显的横纹，像极了一把琵琶，因此又名"琵琶鹭"。

白琵鹭觅食不是依靠视觉和嗅觉，而是靠触觉。它们用小铲子一样的喙在水里扫荡，捕捉鱼、虾、蟹、软体动物、水生昆虫等各种生物。

别碰，很危险

老人们常说"人不可貌相"，动物也一样哦。可爱的小刺猬身上长满了尖刺，漂亮的章鱼有剧毒，豪猪的背刺扎人很疼，小小的行军蚁其实是动物世界最恐怖的杀手。所以，亲爱的朋友，记住，别去碰它们，真的很危险！

Q 代表性啮齿动物

水豚　老鼠

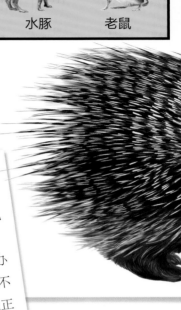

> 因为背上布满刺，人们叫我"刺球"。我最爱吃的是白蚁和蟋蟀等小虫子。我很怕热，白天基本不出来活动，夜晚才是我的主场。

刺猬大作战

刺猬是生活中十分常见的一种哺乳动物，遇到攻击时，会立即蜷头曲脚，将自己缩成一个刺球，让敌人拿它没办法。而且，刺猬性情凶猛、战斗力也不弱，别看它个头儿不大，却能和毒蛇正面搏斗。

以色列金蝎体形小，体内毒液数量少，最多不超过2毫克，其毒液中的成分具有医疗价值。

致命的金色

以色列金蝎是生活在中东和北非广袤沙漠中的一种毒蝎，它体形纤细，有三对足，尾部倒刺相对比较短小，头两侧长着两个"巨型"的大螯，体表呈淡淡的金色，非常漂亮。

以色列金蝎是世界上最危险的蝎子之一，攻击性极强，性格凶残，素有"死亡猎手"之称，非常可怕。

谁说我是猪？

豪猪不是猪，而是一种啮齿动物。当豪猪受到威胁时，会竖起身上的刺，并大声嚎叫、跺脚，向敌人示威。如果敌人还不撤退，它们会倒退着冲向敌人，把刺扎入敌人的身体。

蓝环章鱼

蓝环章鱼是章鱼家族中数一数二的"美人"。事实上，它是海洋中除了箱型水母之外，毒性最强的生物，蓝环章鱼性格很温顺，不会主动发起攻击，白天经常躲在石头下面睡觉，晚上才悄悄出来找吃的。遇到危险时，它的触手会发出耀眼的蓝光，以此来警告敌人；它只有被逼急时，才会奋起反抗。

豪猪的旧刺脱落之后，身体会长出新的刺。

毒液和毒牙

蛇的毒液是由蛇头两侧的毒腺分泌的。毒液里含有很多物质，每种蛇利用毒液的方式都不同。蛇用牙咬住猎物时，就将毒液注入猎物伤口处。

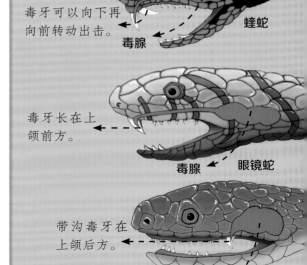

毒牙可以向下再向前转动出击。

蝰蛇

毒腺

毒牙长在上颌前方。

毒腺　眼镜蛇

带沟毒牙在上颌后方。

林蛇

毒腺

眼镜王蛇

眼镜王蛇是世界上最大的毒蛇之一，它们能产生大量的毒液。眼睛王蛇以其他蛇为食，一般白天出来觅食，有时也会袭击人类，而且没有任何攻击前的挑衅。与别的蛇不同的是，它们不住在洞里，而是用棍棒和树叶筑窝。

重要的事情说三遍：我们是鲸！是鲸！是鲸！用肺呼吸。我们性格温和，不爱打架，喜欢唱歌，智商高，对人类十分友善。

模仿大师

你听过虎啸一样的鸟鸣声吗？见过像花朵一样的动物吗？动物世界有许多天生的模仿大师，会拟态，会扮演，演技和口才都很棒。它们是谁？它们扮演过哪些"角色"？想知道吗？别着急，我这就告诉你。

海上"天使"

海豚漂亮又可爱，和其他鲸不同，海豚是天生的模仿家，能够模仿各种水生动物的声音。海豚力气大，战斗力强，连鲨鱼都不敢招惹它。所以，海豚模仿其他动物的声音并不是为了保护自己，而是为了更好地和其他动物聊天、交朋友。

腔肠动物海葵长得更像盛开的花朵。

顶级"伪装者"

拟态章鱼是动物世界最高明的"伪装者"。它们体内有一种神奇的生物色素，能够根据环境、光线、温度的变化任意改变体表的形状和颜色。拟态章鱼就是靠这种色素把自己伪装成比目鱼、海蛇、珊瑚、海藻等各种生物，从而来躲避危险，保护自己。

海豚跳跃的最高纪录达 8 米。

保护色

树蛙可以根据身处环境的变化来改变身体的颜色。春夏季节，树蛙的体色鲜嫩翠绿，与周围的树木浑然一体。而秋季来临时，它们的体色就会逐渐变成与树干、枯枝、落叶一样的黄褐色。

隐藏在叶子下面的青蛙

南美伪眼蛙

在它的背部下方长有很大的斑点，看起来很像眼睛，令捕食者误以为它是一种很大的动物。

口技大师

琴鸟是澳大利亚的国鸟。体态优美，身材修长，毛色鲜艳，雄性的尾羽展开后就像一把华丽的"竖琴"。

绝大多数鸟类用来发声的"鸣管"内都只有1对"鸣肌"，而琴鸟却有3对，所以，它们的声音天赋极高，不仅歌声高低起伏、富于变化，而且能够模仿各种鸟兽的叫声，是著名的"口技大师"。

园丁鸟科的雄性辉亭鸟求偶时会向雌鸟展示自己美丽的羽毛。

我是雀形目，体重只有100多克，但可以搭建出高1.5米、直径2米的鸟巢。

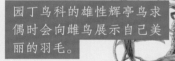

成年园丁鸟体长 21~38 厘米。

伟大的"建筑师"

园丁鸟体形娇小，战斗力比较弱，当遇到大型捕猎者或入侵者的时候，就会模仿其他动物的声音把它们吓走。它们可以根据情况，模仿不同动物的声音，比如遇到蛇，就模仿鹰啼；遇到野猪，就模仿狗的叫声或人的脚步声。

每到交配季节，雄性园丁鸟就会修建"求偶亭"。

动物的"防身术"

对大多数动物来说，危险是无处不在的。一般来说，动物在遇到危险时的第一反应是逃跑，但逃跑有时却并不一定成功。因此，很多动物为了保护自己，练就了各种各样的防御本领。

来找我呀！

跟竹节一样

竹节虫以拟态著称。当它们栖息在树上时，就像是竹枝或树枝。它们还能够慢慢地把身体颜色调整到与四周环境一致的程度。所以，要想在树丛中发现竹节虫，可不是一件容易的事情。

皮肤能变色。

眼球可以180°旋转，并且两只眼睛可以看向不同的方向。

变色龙的指和趾分成两组，适于抓握树枝。

"伪装大师"变色龙

变色龙的肤色会随着环境、温度、心情的变化而改变。当遇到天敌或者猎物时，它便会随意变换皮肤的颜色，以躲避敌人或捕捉猎物。

变色龙的舌头伸出来能超过它的体长，舌尖上有腺体，能够分泌大量黏液粘住昆虫。

动物的保护色和拟态有什么区别？

有些动物身上的颜色会变得跟周围的环境类似，这就是动物的保护色。拟态是这些动物在长期的生存斗争中，形成的与生活环境相似的外表形态。拟态不仅表现在肤色上，而且身体形状也与周围环境相似。

蝴蝶鱼的伪眼可以蒙蔽天敌，吓退对方。

枯叶蝶看上去就是一片枯叶。

装死

有的动物会使用一种聪明的逃生技能——装死。这种方法很有用，因为很多肉食性动物只捕食活物，如果猎物不再运动，它们的捕食行为就会停止。

放臭气

臭鼬遇到敌人时，会从尾下肛门旁的腺体里释放出一股非常难闻的臭雾，这种气体可以有效地击退敌人。如果进攻者还是坚持不退却，臭鼬就会将这种分泌液喷射到对方的眼睛里，使捕食者暂时失明。

动物还有哪些奇特的防身术？

放屁虫在遇到危险时也会释放有臭味的液体，当敌人被熏得晕头转向时，放屁虫早已不见踪影；壁虎在遇到危急情况时会用断掉的尾巴吸引敌人的注意力，断尾后的壁虎还会长出新的尾巴。

负鼠受惊时会装死。

许多蛇在遇到危险时也会装死。

臭鼬受到惊吓时会竖起背部和尾巴上的毛，这是它即将释放臭气喷雾的标志。

臭鼬体形 **有家猫那么大。**

蜷成团

刺猬遇到敌害时会把身体蜷成一团，以身上的刺抵抗敌害。而穿山甲和犰狳在遇到敌害时，也会把身体蜷成团以保护头和腹部，用坚硬的鳞片对抗敌害。

犰狳

穿山甲

谁叫我环保卫士

保护环境，"人人"有责。除了人类，动物世界也有很多环保小卫士，其中最著名的有四个，它们分别是："草原清道夫"秃鹫、"人间大聪明"乌鸦、"海洋环保大使"海鸥和任劳任怨的"陆地小卫士"蜣螂。

中空的管状骨骼为我们带来了敏锐感知天气和气压变化的异能。暴风雨来临前，我们会远离海面，高高飞起，迅速向沙滩、海岛、海岸、礁石靠拢。

我的草原我守护

秃鹫是草原上十分常见的一种大型猛禽，小脑袋、小眼睛、长嘴巴，脖子上有一圈"围巾"一样的长毛，翅膀宽大，脚爪锐利，看上去十分凶悍。

和其他猛禽不一样，秃鹫虽然战斗力很强，但不爱打架，也不愿意"浪费"时间去捕猎，所以，主要以动物的尸体为食。有它们存在，草原上基本看不到动物的腐尸，干净又整洁。

最称职的清洁工

乌鸦是一种小型鸦类，大多是留鸟。嘴巴大，翅膀长，尾巴短，腿爪细而有力，浑身毛发漆黑，没有花纹。

在中国传统文化中，乌鸦是凶鸟，乌鸦的出现代表不祥。事实上，乌鸦是益鸟，而且非常聪明，不挑食，腐坏的肉类、谷物、果实，它们都吃。经过训练后，乌鸦还能熟练地捡烟头来换鸟粮，是最称职的"清洁工"。

海鸥颈部和腹部都是白色的。

海洋清道夫

海鸥是常见的候鸟，每到冬季就会南迁。它们喜欢生活在海岸、港口、河湾地带，经常成群结队地在海面掠食，喜欢吃小鱼小虾，也喜欢吃人类倒进海里的各种零食、剩菜、面包屑，经常尾随和环绕轮船飞行，是名副其实的"海洋清道夫"。

Q 海鸥如何捉鱼？

看准猎物。

向下俯冲。

捕获猎物。

离开水面。

最低调的环保卫士

蜣螂，俗称"屎壳郎"，是一种鞘翅目昆虫。蜣螂胖胖的、圆圆的，有三对足，小头小脸小眼睛，背上背着一个大大的黑色硬壳。全世界绝大部分蜣螂以动物的粪便为食，是天然的"粪便清理机"、最低调的"环保卫士"。蜣螂有储存食物的习惯，常常把粪便做成圆圆的"饭团"，运到"家"中藏起来，还用这个养育小蜣螂呢。

动物的有趣行为

在神奇的动物世界中，性格古怪、行为奇葩、喜欢特立独行的动物有许多：起飞前先助跑的天鹅、永远背着房子前进的蜗牛、爱搬家的蚂蚁、睁着眼睡觉的鱼、一言不合就装死的昏厥山羊等，数都数不清。

> 鹅大十八变，越变越好看。只要几个月的时间，我就能蜕变成最美丽的"仙女"，而且无须整容，纯天然，自然美哦！

一言不合就晕倒

昏厥山羊昏厥会 **持续 10 秒左右。**

昏厥山羊是美国田纳西河畔特有的山羊品种，由于先天性肌强直，它们在兴奋或受惊时会在原地直愣愣地晕倒。

天鹅飞行助跑

和大多数飞禽相比，天鹅的飞行能力堪称一绝，每年秋天都会往越冬地迁徙。但是，因为体形较大、翅膀宽大、身体相对沉重，天鹅在飞行时要像飞机一样助跑一段距离才能顺利起飞。

蚂蚁爱搬家

不同种类的蚂蚁，外貌、体形、生活习性、食性千差万别，但它们都有一个共同的习惯——爱搬家。"房子"太挤、不够住的时候，一部分蚂蚁会搬出自己原来的巢穴；遇到天敌、遭遇危险时，蚂蚁也会搬家。搬搬搬，永远是蚂蚁的日常。如果动物界有个搬家排行榜，它们一定名列榜首。

雪豹走路不会留下脚印

雪豹性格高冷，喜欢独居，以雪兔、雪鸡、岩羊、山羊、旱獭等为食，行动敏捷，是天生的猎手和名副其实的"雪山之王"。

雪豹狩猎时最常用的方式是突袭，它们擅长隐蔽，一步能跨出 1.6 米，行走跳跃时，爪子并不伸出，行动轻盈，踏雪无痕，几乎没有猎物能逃脱它的猎杀。

雪豹的爪子长
约10厘米。

鱼睡觉不闭眼睛

鱼类都有一个不同凡响的习惯——睁着眼睛睡觉。这当然不是因为鱼有什么怪癖，而是因为它们真的做不到！鱼和人不同，它们是没有眼睑的，所以，即便是睡觉的时候，眼睛也没办法闭上，只能睁着。不过，虽然眼睛闭不上，但该睡觉还是得睡觉。鱼睡着时，呼吸会放缓，全身的鳍几乎不动，整个身体都处于漂浮状态，十分有趣。

蜗牛背着壳

无论什么时候，蜗牛都会背着它的壳，不怕苦也不怕累，即便走得太慢也不会把壳丢掉。这是为什么呢？因为壳既是蜗牛随身携带的"堡垒"，能够帮它们抵挡袭击，又是它们的"家"，冬暖夏凉，舒适透气，还是天然"遮阳伞"，能够帮助蜗牛防御来自太阳的暴晒，保持身体的湿度。

沙漠小分队

一望无垠的沙漠在很多人眼中都是生命的禁区，除了沙子，还是沙子。但是你知道吗，其实，沙漠中生活着很多有意思的动物：耳朵特别大的狐狸、和鱼一样的蜥蜴、捕食蜥蜴的蛇、有两层睫毛的鸟……只有你想不到的，没有你见不到的哦！

大耳朵的小狐狸

耳廓狐是世界上体形最小的狐狸。它有大大的耳朵、黑宝石般的眼睛、淡黄色的皮毛、黑色的尾巴尖，长得非常可爱。

耳廓狐的耳朵特别大，长度接近体长的一半，像两个天然的散热器，散热效果非常好。另外，耳廓狐的脚掌底部还长着柔软细密的绒毛，有了它们，耳廓狐的脚掌就不会被滚烫的沙子烫伤了。

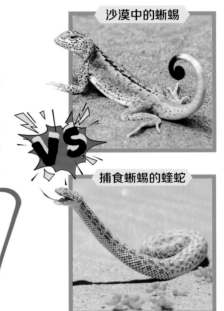

沙漠中的蜥蜴

VS

捕食蜥蜴的蝰蛇

我的家在地下，是一个自己挖的洞穴，不算大，却很干净。我白天在家中睡觉，晚上才出门寻找鸟类、鸟蛋和小虫子。

沙漠小科普

沙漠里气候炎热干燥，水源和植物都很稀少，动物也很难找到隐蔽场所，生存环境恶劣。因此生活在沙漠里的动物要耐渴、耐饥，有的善于远距离寻找水源，有的只在夜间活动。

沙漠里植物稀少，仙人掌是最多见的植物之一。

耳廓狐在沙漠中觅食。

沙漠之舟

　　骆驼是沙漠中分布最广、最常见的动物，素有"沙漠之舟"的美誉。它非常耐旱，能够连续两周一滴水都不喝。骆驼头部较小、脖子粗长、四肢强健、身材高大，成年后平均身高近 2 米，背部的驼峰中储存着大量的脂肪，在缺水的时候，能转换成水分和能量。而且，骆驼有两层睫毛，可以抵御风沙侵袭。

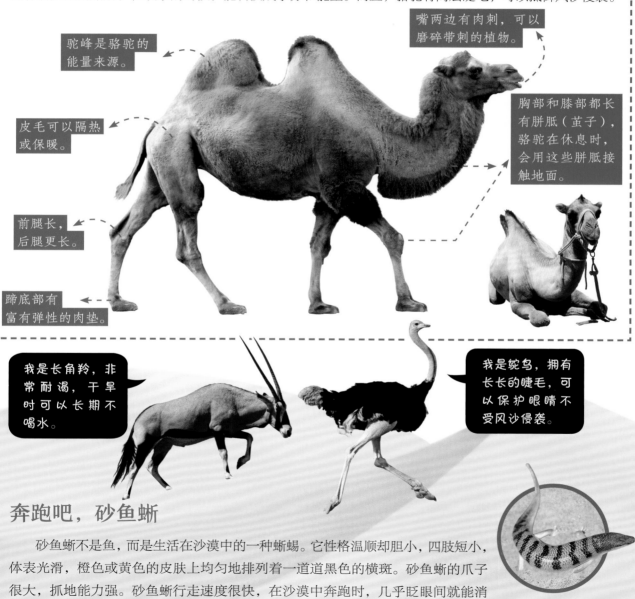

驼峰是骆驼的能量来源。

嘴两边有肉刺，可以磨碎带刺的植物。

皮毛可以隔热或保暖。

胸部和膝部都长有胼胝（茧子），骆驼在休息时，会用这些胼胝接触地面。

前腿长，后腿更长。

蹄底部有富有弹性的肉垫。

我是长角羚，非常耐渴，干旱时可以长期不喝水。

我是鸵鸟，拥有长长的睫毛，可以保护眼睛不受风沙侵袭。

奔跑吧，砂鱼蜥

　　砂鱼蜥不是鱼，而是生活在沙漠中的一种蜥蜴。它性格温顺却胆小，四肢短小，体表光滑，橙色或黄色的皮肤上均匀地排列着一道道黑色的横斑。砂鱼蜥的爪子很大，抓地能力强。砂鱼蜥行走速度很快，在沙漠中奔跑时，几乎眨眼间就能消失在人们的视野里。砂鱼蜥擅长挖隧道，常在日落之后才钻出沙堆活动、觅食。

极地小精灵

南极和北极都是冰雪的王国，在这里生活着许多"小精灵"：萌萌的企鹅、漂亮的北极狐、调皮的竖琴海豹，还有圣诞老人的专属坐骑——北极驯鹿。想要认识它们吗？我们一起去极地转转吧！

极地小科普

极地终年覆盖着冰雪，只有极其耐寒的动物才能常年在这里生活。为了适应这里的环境，有些动物的皮毛会在冬季变白，和雪地背景融为一体。

悄悄告诉你一个秘密哦，每一只企鹅都是"行走的定位仪"，方向感非常强，永远都不会迷路。

南极有很多冰川，企鹅是天生的滑冰运动员。

我的南极，我做主

企鹅是生活在南极冰原上的一类鸟儿，白腹黑背，翅膀短小，身上长着一层短小细密的绒毛，非常可爱。企鹅会直立行走，走起路来一摇一摆，显得憨态可掬。不同种类的企鹅体形、外貌差距很大。帝企鹅身高 1.2 米，体重接近 40 千克；蓝企鹅是个小矮子，身高约 40 厘米，体重不超过 1 千克。

企鹅是南极有名的游泳健将，享有"海洋之舟"的美誉，在水中游泳时时速达 160 千米。

北极狐

在**加拿大、格陵兰群岛、阿拉斯加**都能看到北极狐活动的身影。北极狐是狐族的"魔法师",拥有"变色"的天赋。春夏时节,北极狐的毛发颜色较暗,是灰黑色的;到了冬天,北极狐的毛发会慢慢变成纯白色。

竖琴海豹

竖琴海豹的皮毛上端分布着黑色的条带状纹路,远远看去,就像一把竖琴,所以叫**"竖琴海豹"**。竖琴海豹爱吃鳕鱼、鲱鱼等各种鱼类,为了追逐食物,它们会沿着冰带大规模迁徙,秋冬季节南迁,春夏季节北移,生活忙碌又充实。

北极驯鹿

北极驯鹿是唯一一种能在极地地区生活的鹿类。它们头脸狭长,耳朵和尾巴短小,毛发是棕褐色的,**无论雌性还是雄性**,头上都长着一对长长的角,角上又有大大小小很多分叉,像漂亮的珊瑚。

🐾 探险动物世界 🐾

竖琴海豹是生活在北冰洋的"潜水健将",能够潜到100米深的水下觅食。漂亮可爱的北极狐是北极最耐寒的动物之一,它们可以在 −50℃ 的冰原上生活,不需要冬眠。

我也是游泳健将!

南极磷虾

南极磷虾每年 1~4 月集群于南极海,维生素 A 的含量很丰富。

北极熊擅长游泳,长距离最远能游约 680 千米。

保护动物朋友

动物是人类最亲密的伙伴，现在我们的小伙伴遇到了困难，麋鹿被坏人抓住了，犀牛生病了，朱鹮的数量越来越少……快来帮帮它们吧！

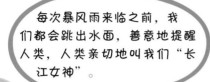

每次暴风雨来临之前，我们都会跳出水面，善意地提醒人类，人类亲切地叫我们"长江女神"。

物种灭绝风险评估级别	
灭绝	绝灭（EX）、野外绝灭（EW）
受威胁	极危（CR）、濒危（EN）、易危（VU）
低危	近危（NT）、无危（LC）
其他	数据缺乏（DD）、未评估（NE）

背鳍
脊椎
肺
气孔
脑
眼睛
尾鳍
肛门
肠
肝脏
心脏
胸鳍
吻部

白鳍豚

白鳍豚生活在淡水中，比海里的鲸小，几乎没有视觉功能。身体呈纺锤形，背部浅蓝灰色，腹部白色，有背鳍。白鳍豚是我国特有的珍稀动物，也叫白鱀豚。最后一只已知的白鳍豚"淇淇"于 2002 年去世之后，再无确切的白鳍豚活体记录。

白鳍豚和人的体形对比

海豚小科普

脊索动物门，哺乳纲，鲸目，海豚科
分布地区： 全球海域
主要食物： 各种鱼虾
全长： 1.2~4.2 米

 探险动物世界

1500 年前灭绝的恐鸟在地球上生活了 4 万多年，它身高可达 3.6 米，可能是世界上最高的鸟。1903 年灭绝的南加利福尼亚猫狐，脸形尖细，有一对大耳朵，体形娇小，十分可爱。

麋鹿

麋鹿喜欢沼泽和湿地，擅长游泳，最钟爱的食物是低矮的青草和灌木嫩枝。麋鹿种群不大，自汉代以后，野生麋鹿渐渐绝迹，到清代彻底消失。现存的所有麋鹿都是人工繁殖和驯养的。

犀牛

犀牛是世界上体形最大的奇蹄目动物，主要生活在温暖湿润的山地和草原上。现在，全世界所有的犀牛加起来数量都不足 3 万只，已经十分稀有，亟须我们拯救和保护。

犀牛迷路时会发出"吱吱吱"的叫声来吸引同伴的注意。

朱鹮

朱鹮曾广泛分布于中国东部、日本、朝鲜等地。由于环境恶化，朱鹮物种数量急剧下降，现经过科学家的努力，通过人工繁殖，朱鹮已经由 1981 年发现时的 7 只，增加到数千只。

金丝猴

金丝猴生活在海拔 2000～3600 米的山地森林里，脸庞为蓝色，因为长着朝天鼻，又被称作"仰鼻猴"。金丝猴有 5 种，其中川金丝猴、滇金丝猴、黔金丝猴为中国特有种。

雪豹

雪豹是猫科动物，攻击性强，是高原上的狩猎能手。可是，因为全球气候变暖和人类的乱砍滥伐，雪豹的生活环境遭到极大破坏，数量越来越少。为了保护它，人们将每年的 10 月 23 日定为"世界雪豹日"。

身体带香的极危动物

林麝

皮肤粉嫩的濒危动物

中华白海豚

像牛又像羊的易危动物

羚牛

一度近乎灭绝的动物

驯鹿

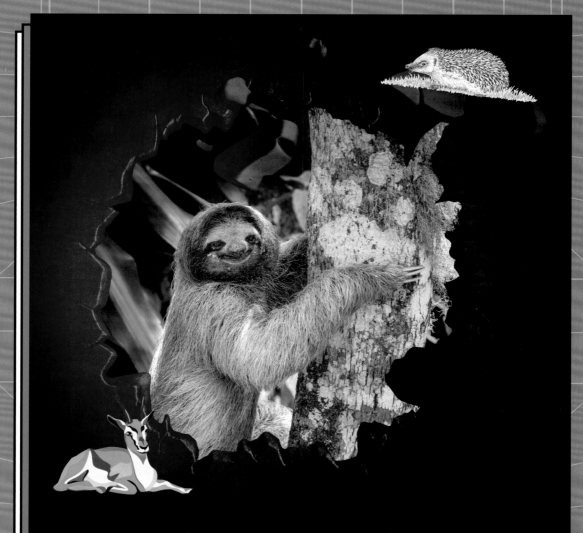

项目统筹：杨　静　　美术编辑：何　琳　　图片提供：视觉中国

文图编辑：宋正乔　　封面设计：罗　雷　　全景视觉　站酷海洛

文稿撰写：木　梓　　版式设计：张大伟　何　琳　　维基百科